U0052152

Macrobiotic Dessert Recipes

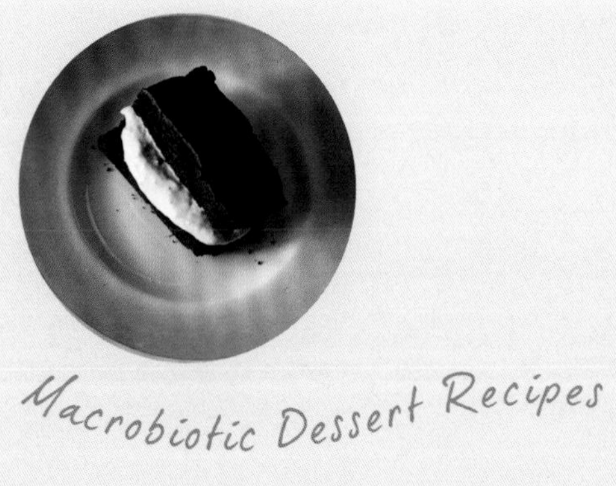

Macrobiotic Dessert Recipes

Macrobiotic Dessert Recipes

Macrobiotic Dessert Recipes

咬一口幸福好味

手作爽口迷人の無麩質甜點 50+

麩質過敏食用OK！

MACROBIOTIC DESSERT RECIPES

以米粉為主角的無麩質甜點

本書介紹以米粉取代麵粉製作的甜點，可降低身體負擔，安心食用。而且食譜中皆無添加蛋、乳製品與白砂糖。

所謂無麩質（gluten free），顧名思義就是不含麩質。麩質是存在於小麥等穀物胚乳中的一種蛋白質，能增加彈性與黏性，廣泛應用於製作麵包、烏龍麵及義大利麵等，自古就在我們的飲食生活中扮演重要角色。

近年來以減緩過敏症狀的觀點，歐美的「無麩質」飲食主義逐漸抬頭，不含麩質的米粉因而大受矚目。

在我所主持的長壽飲食法（Macrobiotic）料理教室マクロウタセ（macro utase），從以前接收到許多相關的詢問，使用米粉製作甜點或料理變成了我的一項志業。

米粉製作的甜點擁有許多的好處——

1　口感軟Q

剛出爐的蛋糕，就和煮好的米飯一般甘甜軟Q。本書甜點已大幅控制甜度，直接當成米飯主食享用也OK。

2　作法比麵粉簡單

長壽飲食法的甜點作法，只要在調理盆中混合材料，再進行烘烤即可。以米取代米粉後，作法又更簡單了。米粉不像麵粉，不易產生結塊，無需過篩。又因為不含麩質，無黏性，怎麼攪拌也不會失敗。

3　冷凍保存，自然解凍即可食用

和米飯一樣，米製甜點放冷藏會變得乾硬，但可冷凍保存。自然解凍後即可享用，可先作好一些當零食。

4　容易消化

比起麵粉作的甜點，對身體的負擔較輕，也很容易消化，適合擔心過敏或注重健康美容的您享用。

本書用法　1杯＝200ml．1大匙＝15ml．1小匙＝5ml。

CONTENTS

主要材料　長壽飲食法的甜點材料如下。

粉　類

米　粉

蓬萊米（粳米）磨製而成的粉末，品質依研磨方式而異，粒子粗的適合製作湯圓，但不適合西式甜點。購買時請務必挑選粒子細的「製菓用」（甜點用）產品。

糙米粉

糙米磨製而成的粉末。本書食譜將其和米粉混合使用。依研磨方式，有的粒子較粗、有的帶茶色，每一種均適合烘焙。可使麵糊產生粗粒感。

本葛粉

挑選未添加玉米粉、100%葛粉的本葛粉。和米粉混合使用，可呈現特有的鬆脆口感。

杏仁果粉

杏仁果磨製而成。可分為去皮與帶皮兩種，兩種皆可使用。和米粉混合後，麵糊會變得又濃又香，更有風味。容易氧化變質，請密封冷藏保存。

黃豆粉

大豆研磨而成。和米粉混合使用，增加酥脆口感，別有一番香味。

蕎麥粉

請挑選未添加麵粉的100%蕎麥粉。粒子的粗細依研磨方式而異。和米粉混合使用，麵糊會有一股獨特香氣與樸拙感。

甜味料

楓糖漿

由楓樹甜液濃縮而成的天然甜味料。色澤、味道及價格依等級而異，選用自己喜歡的產品即可。但若糖漿顏色較深，作出的甜點色澤也會偏深。

甜菜糖

由甜菜提煉而成的甜味料，有別於甘蔗提煉的砂糖，特色在甜味溫和。

龍舌蘭糖漿

為生長於墨西哥的龍舌蘭根莖製作而成。有明顯甜味，餘味卻十分清爽。

100%蘋果汁

盡量挑選鮮榨而非濃縮還原果汁。

米水飴

由米的澱粉質製成的甜味料。呈水麥芽狀、具黏性。在冬天室溫較低時會變硬，不易舀出，但只要稍微加溫就會軟化。

日本甘酒

在米飯中加麴發酵而成，天然的甘甜可當成甜味料使用。建議使用糙米製作的「糙米甘酒」。

※註：甘酒是日本的傳統飲料，僅含微量酒精或不含。有點像甜酒釀，但台灣甜酒釀原料為糯米，日本使用的是一般白飯。

牛奶替代品

豆奶

請選用味濃、成分無調整的產品。

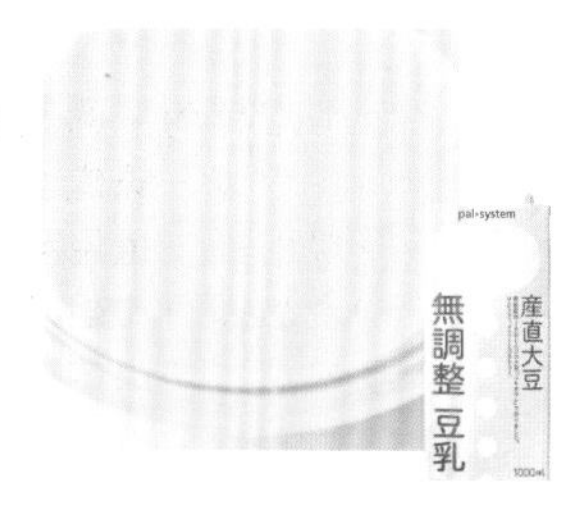

豆奶優格（原味）

在豆奶中添加植物性乳酸發酵而成。形狀和一般的優格相同，但酸味溫和，直接食用也很順口。

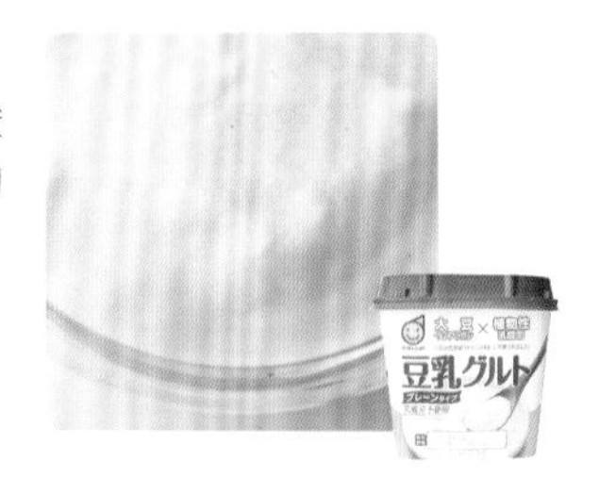

椰奶

榨取自椰子的白色固體胚乳。帶有椰香的獨特甘甜滋味，可作為牛奶或豆奶的替代品。

油脂

芥花油

無色、無異味又好用的芥花油，很適合用來製作甜點。

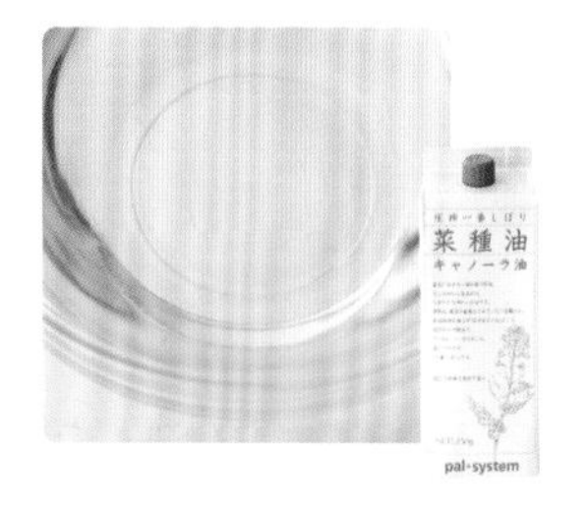

芝麻醬

以白芝麻作成泥狀的醬料。常用於中東料理，日本產或其他國家產品均適用。

其他

泡打粉

請選用不加明礬的產品。開封後六個月後膨脹力就會變差，購買時請斟酌使用頻率挑選適合的份量。

鹽

請使用天然鹽。

香草精（Vanilla Extract）

香草豆浸泡水及酒精所汲取的香草液。香氣比Vanilla Essence穩定、柔和。

寒天粉

凝固巴巴露亞（Bavarois）時使用。選用粉末狀，比塊狀寒天更容易調節用量，方便好用。

角豆粉

角豆莢磨製成粉。風味接近可可，但脂肪成分低於可可，作成的甜點口味清爽。

可可碎豆

可可豆壓碎成薄片狀，稱之為可可碎豆（Cocoa Nibs），有著帶苦味的顆粒口感。加入麵糊中，可引出香氣與口感。

グルテンフリーの

鬆餅

PANCAKE

GLUTEN-FREE

可以平底鍋煎烤的鬆餅，對初學者而言非常容易上手。以米粉製作無麩質鬆餅，風味有別於麵粉，有著軟軟QQ的獨特口感。剛烤好時，味道最棒，趁熱享用吧！

原味鬆餅是在米粉中加入少許的甜味，宛如米飯般的樸實輕甜，什麼都不沾直接吃就很好吃，也可淋上杏桃醬汁（參照P.69）或薑味卡士達醬（參照P.68），吃法相當百搭呢！

鬆餅的基礎作法

無麩質甜點會用到的粉類以米粉為主。
混合時怎麼攪拌都OK，只要四個步驟就能完成！

原味鬆餅

WET中使用了豆奶優格，所以會充分膨脹，烤後又軟又Q。獨特的口感讓人一吃就愛上。

材料（直徑約10cm 4片份）

-DRY-
米粉…100g
甜菜糖…2大匙
泡打粉…1小匙
-WET-
豆奶優格…100g

平底鍋用
芥花油…1大匙

1 混合DRY

將***DRY***倒入較大的調理盆，以橡皮刮刀混合。

米粉不易結塊，不必像麵粉一樣過篩。大致拌勻即可。

2 DRY + WET

在***DRY***加入***WET***，並以橡皮刮刀拌至均勻。

當***WET***不只一種材料時，可先全部混合後，再倒進DRY中。因為米粉不會出筋，混合時怎麼攪拌都OK。

鬆餅的保存方法
若一次製作多個鬆餅，請一個一個分別包妥，放入冷凍保存。享用前從冷凍取出，放置於室溫下自然解凍即可。米粉製作的點心若放冷藏室，口感會變得脆硬，請不要放冷藏保存。

椰香鬆餅

添加椰奶的濕潤薄燒鬆餅。
※註：薄燒指材料抹成薄片烘烤。

材料（直徑約10cm 4片份）

-DRY-
米粉…100g
甜菜糖…2大匙
泡打粉…1小匙

-WET-
椰奶…60㎖
水…3大匙

平底鍋用

芥花油…1大匙

作法

參照鬆餅的基礎作法。將步驟**2**改倒入椰奶混合，再分次倒入份量內的水，充分攪拌。步驟**4**則改成兩面各煎烤3分鐘。

豆奶優格替換成椰奶

3

混合完畢（+餡料）

攪拌均勻即可，若有餡料就於此時倒入混和，為了維持餡料的形狀，稍微拌一下即可。

4

放入平底鍋煎烤

平底鍋開火加熱，倒入芥花油，再倒入1湯勺（約¼量）的麵糊，在鍋中擴散成直徑約10cm大的圓。蓋上鍋蓋，以小火單面煎烤約2分30秒，呈金黃色後翻面，加蓋煎烤約2分30秒。

水果鬆餅

在原味鬆餅中添加水果。
只加黃色皮屑的檸檬鬆餅，散發新鮮的清新香氣。

檸檬鬆餅

材料（直徑約10cm 4片份）

-DRY-

米粉…100g
甜菜糖…2大匙
泡打粉…1小匙

-WET-

豆奶優格…100g

餡料

檸檬（只取碎皮）…1顆份

平底鍋用

芥花油…1大匙

準備

・刨下檸檬的黃色外皮。

作法

（參照P.8至P.9的鬆餅基礎作法）

1 將***DRY***倒入較大的調理盆中混合。
2 ***WET***倒進**1**中，拌勻後加入檸檬皮屑大致混合。
3 平底鍋加熱倒油，以湯勺倒入**2**的麵糊，在鍋中擴散成直徑約10cm大的圓。蓋上鍋蓋，以小火兩面各煎烤2分30秒。裝盤時再撒上檸檬皮絲（份量外）點綴。

輕輕擦過檸檬表面，只刨下黃色皮的部分。

草莓鬆餅

材料（直徑約10cm 4片份）

-DRY-

米粉…100g
甜菜糖…2大匙
泡打粉…¾小匙

-WET-

豆奶優格…100g

餡料

草莓…70g

平底鍋用

芥花油…1大匙

準備

・草莓去蒂後切丁。

作法

（參照P.8至P.9的鬆餅基礎作法）

1 將***DRY***倒入較大的調理盆中混合。
2 ***WET***加入**1**中，拌勻後加入切丁的草莓大致混合。
3 平底鍋加熱倒油，以湯勺倒入**2**的麵糊，在鍋中擴散成直徑約10cm大的圓。蓋上鍋蓋，以小火兩面各煎烤2分鐘。

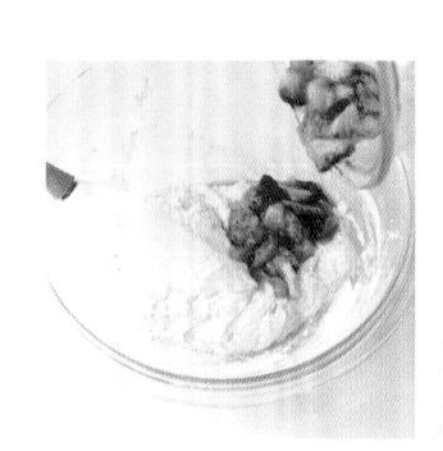

草莓以叉子或刀子切丁，再加入麵糊中混合。

可隨喜好搭配甘酒薑味冰淇淋（參照P.70）也很對味。

南瓜鬆餅

在DRY中加入南瓜粉，WET則加入甘酒。
出爐後呈現漂亮黃色與熱呼呼的軟綿口感。因為不使用砂糖，輕甜爽口非常討喜。

材料（直徑約10cm 4片份）

-DRY-

米粉…100g
南瓜粉…20g
泡打粉…1小匙
鹽…1小撮

-WET-

糙米甘酒或一般甘酒…100mℓ
水…70mℓ

平底鍋用

芥花油…1大匙

作法

（參照P.8至P.9的鬆餅基礎作法）

1 ***DRY***倒入較大的調理盆中混合。
2 ***WET***加入**1**中混合。
3 平底鍋加熱倒油，以湯勺倒入**2**的麵糊，在鍋中擴散成直徑約10cm大的圓。蓋上鍋蓋，以小火兩面各煎烤2分鐘。

南瓜粉
南瓜乾燥再磨成粉狀的蔬菜粉。保留了南瓜的香氣、甘甜及營養。可增添風味、料理上色，在製作甜點或麵包時非常方便好用。可於烘焙材料行及網路商店購買。

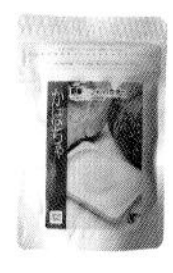

蕎麥粉蘋果鬆餅

在麵糊中加入蕎麥粉與蘋果泥，
作成濕潤柔軟、吃不膩的定番款鬆餅。

材料（直徑約10cm 4片份）

-DRY-

米粉…100g
蕎麥粉…10g
甜菜糖…2大匙
泡打粉…1小匙
肉桂粉…⅛小匙

-WET-

水…80㎖
香草精…½小匙

餡料

蘋果（削皮去核）…½個

平底鍋用

芥花油…1大匙

準備

・蘋果磨成泥。

作法

（參照P.8至P.9的鬆餅基礎作法）

1 *DRY*倒入較大的調理盆中混合。
2 *WET*加入1中拌勻，再加入蘋果泥混合。
3 平底鍋加熱倒油，以湯勺倒入2的麵糊，在鍋中擴散成直徑約10cm大的圓。蓋上鍋蓋，以小火兩面各煎烤3分鐘。

搭配糖漬生薑（參照P.69）一起吃，
和蘋果的味道很合拍！

去皮磨成泥的蘋果，最後
再倒入麵糊中混合。

伯爵紅茶鬆餅

將紅茶粉拌入麵糊，提升風味。
手邊若無紅茶粉，也可以茶包的茶葉代替。

材料（直徑約10cm 4片份）
-DRY-
米粉…100g
紅茶（伯爵紅茶）…1小匙
甜菜糖…2大匙
泡打粉…1小匙
鹽…1小撮
-WET-
椰奶…60mℓ
水…60mℓ
香草精…½小匙

餡料
核桃…4粒

平底鍋用
芥花油…1大匙

準備
核桃壓成粗粒。

作法
（參照P.8至P.9的鬆餅基礎作法）

1. ***DRY***倒入較大的調理盆中混合。
2. ***WET***倒進**1**中，拌勻後加入壓碎的核桃混合。
3. 平底鍋加熱倒油，以湯勺倒入**2**的麵糊，在鍋中擴散成直徑約10cm大的圓。蓋上鍋蓋，以小火兩面各煎烤2至3分鐘。

可隨喜好沾點薑味卡士達醬（參照P.68）清香可口。

紅茶粉
將紅茶葉研磨成類似抹茶的微細粉末。只需少許用量就能增加香氣與顏色，便於製作甜點與麵包。

グルテンフリーの

馬芬

MUFFIN

GLUTEN-FREE

不添加蛋、乳製品與白砂糖的無麩質馬芬，在派對聚會或宴客時很受歡迎喔！米粉的溫和滋味，再搭配組合不同食材，可以變化出各式各樣的風味與口感，作法簡單又富有變化。

左起順時鐘方向分別是：薰衣草＆生薑馬芬（參照P.18）、大麥若葉今川燒風馬芬（參照P.21）、黑豆甜釀酒馬芬（2個，參照P.19）、紅豆無花果馬芬（參照P.20）、烤地瓜馬芬（參照P.16）。

馬芬的基礎作法

將WET倒入DRY中混合，再加入餡料，麵糊就完成了。
不必打發、大致混拌即可完成，對新手而言也超簡單！

烤地瓜馬芬

在麵糊中加入切粗塊的烤地瓜與長山核桃，具份量感當輕食享用，剛剛好！

材料（口徑約8cm的馬芬矽膠杯6個份）

-DRY-
米粉…150g
杏仁果粉…30g
泡打粉…½大匙
肉桂粉…¼小匙
鹽…1小撮

-WET-
豆奶…160ml
龍舌蘭糖漿…55ml
芥花油…3大匙

餡料
烤地瓜（去皮）…120g
長山核桃…25g

準備
- 烤箱預熱至160℃。
- 烤地瓜剝成一口大。
- 長山核桃壓碎。

1 混合DRY

將***DRY***倒入較大的調理盆，以橡皮刮刀混合。

米粉不易結塊，不必像麵粉一樣過篩，大致拌勻即可。

2 混合WET

另取一個調理盆倒入***WET***，以橡皮刮刀混合。

若呈油水分離狀態，只要大致攪拌均勻即可。

馬芬的保存方式

以米粉作的甜點若冷藏保存會變得乾硬，請先以保鮮膜一個一個保好，再放入冷凍庫。享用前取出，置於室溫自然解凍，再以烤箱稍微加熱即可。

杏仁薄片馬芬

麵糊的材料完全相同，於上層鋪放杏仁薄片，味道就更豐富了！

作法

參照底下的馬芬基礎作法，於步驟**4**將麵糊分裝至烤杯後，再鋪放上層杏仁薄片。改放葡萄乾、角豆碎片、黑芝麻也別有一番風味。

上層鋪放杏仁薄片

3

DRY + WET（+餡料）

將***WET***倒入***DRY***中，以橡皮刮刀混合攪拌。拌勻再加入餡料混合，但請不要將餡料拌碎。

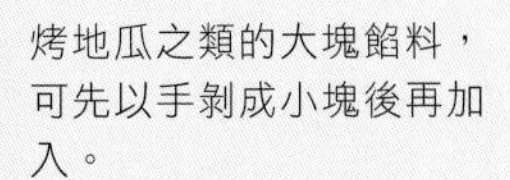

烤地瓜之類的大塊餡料，可先以手剝成小塊後再加入。

4

倒入烤模中烘烤

馬芬矽膠杯排放在烤盤上，杯中平均倒入麵糊，放進預熱至160℃的烤箱，烘烤30分鐘。烤好後自矽膠杯中取出，置於涼架上冷卻。

薰衣草糖漬生薑馬芬

混入香料薰衣草與糖漬生薑，在配方上稍加變化，
可提引出香氣，使剛出爐馬芬鬆柔可口。

材料
（口徑約8cm的馬芬矽膠杯6個份）

-DRY-
米粉…150g
杏仁果粉…40g
泡打粉…½大匙
鹽…1小撮

-WET-
豆奶…50㎖
楓糖漿…50㎖
芥花油…40㎖
100%蘋果汁…120㎖
糖漬生薑（參照P.69）…1又½大匙
薰衣草…2小匙

準備

・參照P.69製作糖漬生薑。
・烤箱預熱至180℃。

作法
（參照P.16至P.17的馬芬基礎作法）

1 將***DRY***倒入較大的調理盆中混合。
2 另取一個調理盆，倒入所有的***WET***，並攪拌混合。糖漬生薑不易混合，可先取少許份量內的豆奶充分攪拌溶解再倒入。
3 將**2**倒進**1**中混合。
4 將**3**的麵糊分裝至矽膠杯，放入烤箱，以180℃烘烤22分鐘，脫模放涼。
※剛出爐較綿軟，此時分切容易變形，請等到完全冷卻後再享用。

薰衣草
選擇香料用的薰衣草。
可於香料店或網路購買。

黑豆甘酒馬芬

這裡使用的黑豆非日本過年時食用的蜜黑豆，而是單純以水煮熟的無糖黑豆，
搭配的黑米甘酒製作（可以一般甘酒代替）。

材料
（口徑約8cm的馬芬矽膠杯6個份）

-DRY-
糙米粉…150g
甜菜糖…30g
泡打粉…1小匙
鹽…1小撮

-WET-
黑米甘酒或一般甘酒…100㎖
水…80㎖
芥花油…2大匙

餡料
黑豆（水煮）…45g

準備
・水煮黑豆（煮法如下）。
・烤箱預熱至160℃。

作法
（參照P.16至P.17的馬芬基礎作法）

1 將***DRY***倒入較大的調理盆中混合。
2 另取一個調理盆，倒入所有的***WET***，並攪拌混合。
3 將**2**倒入**1**中混合，再加入瀝乾的水煮黑豆混合。
4 將**3**的麵糊分裝至矽膠杯，放入的烤箱，以160℃烘烤35分鐘，脫模放涼。

水煮黑豆的作法
加水蓋過45g的黑豆，浸泡一晚。瀝乾後倒入鍋中，倒入蓋過表面的水後進行加熱。煮開後，不時撈去浮渣，續煮30分鐘，直至豆子變軟。

黑米甘酒
在原料中加入紫黑米製成的甘酒。保有甘酒特有的柔順酸味及溫和甜味。呈現漂亮的淡紫色，使用於甜點製作，會自然呈現淺淺的粉紅色。可於有機／天然食品店或網路購得。

紅豆無花果馬芬

在DRY中加入紅豆粉。
就像紅豆飯的組合，味道十分搭配，口感濕潤。

材料
（口徑約8cm的馬芬矽膠杯6個份）

-DRY-
米粉…150g
紅豆粉…30g
泡打粉…½大匙
鹽…1小撮

-WET-
豆奶…225㎖
楓糖漿…55㎖
芥花油…45㎖

餡料
白無花果乾…3大個

準備

・烤箱預熱至160℃。
・白無花果乾切細末。

作法
（參照P.16至P.17的馬芬基礎作法）

1 將***DRY***倒入較大的調理盆中混合。
2 另取一個調理盆，倒入所有的WET，並攪拌混合。
3 將**2**倒進**1**中混合，再加入細粒無花果乾。
4 將**3**的麵糊分裝至矽膠杯中，放入的烤箱，以160℃烘烤32至35分鐘，脫模放涼。

紅豆粉
圖中是將紅豆煎焙，再磨成微粒粉末的紅豆全粒粉。紅豆粉分成美容用與製作紅豆餡等數種，請購買食品用的紅豆粉。可於有機／天然食品店或網路購得。

大麥若葉今川燒風馬芬

大麥若葉擁有漂亮的綠色又無苦味，於是把它加入麵糊內。再搭配紅豆餡，就有了飽足感。
※註：今川燒為日本和菓子的一種，類似車輪餅或紅豆餅。

材料
（口徑約8cm的馬芬矽膠杯6個份）

-DRY-
米粉…160g
大麥若葉粉…20g
泡打粉…½大匙
鹽…1小撮

-WET-
豆奶…160mℓ
100%蘋果汁…55mℓ
芥花油…40mℓ

餡料
紅豆粒餡（市售或自製均可）…140g

準備
- 烤箱預熱至160℃。
- 若為自製紅豆粒餡，紅豆比甜菜糖的比例為2：1。

作法
（參照P.16至P.17的馬芬基礎作法）
1. 將***DRY***倒入較大的調理盆中混合。
2. 另取一個調理盆，倒入所有的***WET***，並攪拌混合。
3. 將**2**倒進**1**中混合。
4. 將**3**的麵糊分裝至矽膠杯中，約一半高度。再放入紅豆餡，於上方覆蓋麵糊。放入烤箱，以160℃烘烤30分鐘，出爐後脫膜放涼。

矽膠杯中倒入一半高的麵糊，放進紅豆餡，再覆蓋麵糊。

大麥若葉粉
將剛發芽的大麥嫩葉製成乾燥粉末。較無苦味，容易飲用，摻入甜點或麵包的麵糊內，比抹茶粉更易上色，可烤出美麗的綠色，且富含食物纖維與維他命。

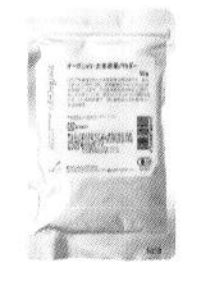

グルテンフリーの

蒸蛋糕

STEAMED BREAD

GLUTEN-FREE

米粉作的蒸蛋糕，好似剛煮好的米飯，Q軟、甘甜。尤其剛蒸好時，更是絕品美味。和烤箱相比，蒸具更能蒸出口感。熱呼呼的味道最棒了，趁熱享用吧！

前蒸籠為蘋果肉桂蒸蛋糕（參照P.24），
後蒸籠為蕎麥甘酒枸杞蒸蛋糕（參照P.29）。

蒸蛋糕的基礎作法

只要依序混合材料，5分鐘就能調理好麵糊。
直徑20cm大的小蒸籠，對於第一次使用蒸具的人而言是很方便的工具。

蘋果與肉桂蒸蛋糕

加入切末的蘋果，味道甘醇，又不膩口。

材料（口徑約8cm的馬芬矽膠杯4個）

-DRY-
米粉…100g
杏仁果粉…10g
泡打粉…½小匙
肉桂粉…⅛小匙
鹽…1小撮

-WET-
100%蘋果汁…50㎖
豆奶…25㎖
楓糖漿…25㎖

餡料
蘋果（去皮去核）…50g

準備
- 蘋果切細丁。
- 蒸具加水煮沸。若是使用蒸籠，則在放置蒸籠的鍋中加水煮沸。

1 混合DRY

將***DRY***倒入較大的調理盆，以橡皮刮刀混合。

米粉不易結塊，不必像麵粉一樣過篩。大致拌勻就OK了。

2 混合WET

另取一個調理盆，倒入所有的***WET***，以橡皮刮刀混合。

雖是油水分離狀態，但大致攪拌均勻即可。

蒸蛋糕的保存方式

與其他米粉作的甜點相同，請勿放入冷藏保存。各自以保鮮膜保妥後 ，放入冷凍庫。享用前置於室溫下自然解凍，再以蒸籠重新蒸一下更好吃。

三年番茶

我喜歡喝「三年番茶」。它是摘取綠茶的葉與莖，日照曬乾，經三年熟成的番茶（番茶是煎茶用茶葉採摘後剩下的硬枝葉製作而成，為京都一般人家常喝的茶）。之後再煎焙，去除咖啡因等刺激物質，滋味溫和，小孩與孕婦也能飲用。是長壽飲食法的常備茶飲。

3 DRY + WET（+餡料）

將***WET***倒入***DRY***中，以橡皮刮刀混合攪拌，等拌勻後再加入餡料。請不要將餡料拌碎。

米粉不含麩質，不易出現黏性，混合時隨意畫圓攪拌都OK。

4 倒入烤模再蒸

麵糊均等倒入馬芬矽膠杯，放進冒著熱氣的蒸具中，約蒸25分鐘。若如圖所示使用蒸籠，則將蒸籠放在加水煮沸的鍋子（配合蒸籠的尺寸）上蒸煮。

蒸籠是製作蒸蛋糕的便利工具。圖中是日本製直徑約20cm的小蒸籠，放入4個矽膠杯剛剛好，蒸好可直接端上桌。

草莓蒸蛋糕

可愛的蒸蛋糕，紅色草莓在淺粉紅蛋糕中若隱若現。
使用當令草莓製作，甜酸滋味與香氣都是一級棒，也是料理教室的人氣點心。

材料
（口徑約8cm的馬芬矽膠杯4個份）
-DRY-
米粉…120g
杏仁果粉…10g
泡打粉…小匙
鹽…1小撮
-WET-
豆奶…50mℓ
100%蘋果汁…50mℓ
甜菜糖…2大匙

餡料
草莓…55g

準備
・草莓去蒂，捏成小塊。
・蒸具加水煮沸。若是使用蒸籠，則在放置蒸籠的鍋中加水煮沸。

作法
（參照P.24至P.25的蒸蛋糕基礎作法）
1 將***DRY***倒入較大的調理盆中混合。
2 另取一個調理盆，倒入所有的***WET***，並攪拌混合。
3 將2倒進1中混合，加入小塊草莓。
4 將3的麵糊分裝至矽膠杯中，放進蒸具蒸約25分鐘。

以手將草莓捏成小塊，與蒸蛋糕粗粗的口感很合拍。

黃豆粉糖漬生薑蒸蛋糕

在DRY中加入黃豆粉；再將WET放入糖漬生薑拌勻後加入。
外觀看起來樸實，咬下一口，微刺激的薑味在口中蔓延開來。

材料
（口徑約8cm的馬芬矽膠杯4個份）
-DRY-
米粉…120g
きな粉…15g
泡打粉…1小匙
鹽…1小撮
-WET-
豆奶…100㎖
甜菜糖…18g
糖漬生薑（參照P.69）…2小匙

準備
・蒸具加水煮沸。若是使用蒸籠，則在放置蒸籠的鍋中加水煮沸。

作法
（參照P.24至P.25的蒸蛋糕基礎作法）
1 將***DRY***倒入較大的調理盆中混合。
2 另取一個調理盆，倒入所有的***WET***，並攪拌混合。糖漬生薑不易混合，可先以份量內的少許豆奶充分拌溶後再倒入。
3 將**2**倒進**1**中混合。
4 將**3**的麵糊分裝至矽膠杯中，放進蒸具蒸約30分鐘。

糖漬生薑不易混合，先用少量豆奶拌勻後再倒入，就能充分拌勻。

香芹蒸蛋糕

可代替主食的蔬菜蒸蛋糕。米粉本身並沒有特有的氣味，可搭配具香氣或味道較重的蔬菜。
以味噌等提升風味也是這道點心的重點。

材料　※五辛素
（口徑約7.5cm的馬芬矽膠杯4個份）

-DRY-
米粉…100g
泡打粉…½小匙
鹽…1小撮

-WET-
豆奶…100mℓ
味噌（有的話用小麥味噌）…2小匙
香芹（切末）…2大匙

餡料
洋蔥…⅓小顆

準備
- 洋蔥切薄片。
- 蒸具加水煮沸。若是使用蒸籠，則在放置蒸籠的鍋中加水煮沸。

作法
（參照P.24至P.25的蒸蛋糕基礎作法）

1. ***DRY***粉倒入較大的調理盆中混合。
2. 另取一個調理盆，倒入所有的***WET***，並攪拌混合。味噌較不易混合，可先取份量中的少許豆奶拌溶再倒入。
3. 將**2**倒進**1**中混合，加入洋蔥薄片。
4. 將**3**的麵糊分裝至矽膠杯中，放進蒸具蒸約25分鐘。

洋蔥切薄片，香芹切末。
亦可以青蔥、珠蔥及鴨兒芹取代洋蔥。

蕎麥甘酒枸杞蒸蛋糕

不使用砂糖，而以天然甜味料甘酒取代，麵糊另加入蕎麥粉。
至於枸杞，不論視覺或味覺都是這道甜品的亮點。

材料
（口徑約8cm的馬芬矽膠杯4個份）
-DRY-
米粉…70g
蕎麥粉…30g
泡打粉…1小匙
鹽…1小撮
-WET-
黑米甘酒或一般甘酒…150㎖
水…50㎖

餡料
葡萄乾…20g
枸杞…10g

準備
- 枸杞以淹過表面的水泡軟後瀝乾。
- 蒸具加水煮沸。若是使用蒸籠，則在放置蒸籠的鍋中加水煮沸。

作法
（參照P.24至P.25的基本款蒸蛋糕作法）
1. 將***DRY***倒入較大的調理盆中混合。
2. 另取一個調理盆，倒入所有的***WET***，並攪拌混合。
3. 將**2**倒進**1**中混合，加入葡萄乾與枸杞。
4. 將**3**的麵糊分裝至矽膠杯中，放進蒸具蒸約25分鐘。

枸杞
中式料理中常會用到。主要以乾貨流通於市面，富含維他命元素，也是有名的藥膳食材，有消除眼睛疲勞的功效。

グルテンフリーの

餅乾

COOKIE

GLUTEN-FREE

無麵麩餅乾的特色在口感鬆脆，含在口中會散開化掉。可烤成圓形，或以餅乾模壓成各種形狀。除了直接食用之外，也可夾入奶油一起享用，更加美味喔！

圖左顏色偏白的是米粉酥餅（參照P.32），右側顏色偏深的是黃豆粉酥餅（參照P.33）。

餅乾的基礎作法

簡單將WET倒入DRY中混合即可完成。
但麵糊的水分較少而偏硬，請以手好好地揉麵成團。

米粉酥餅

咬下酥脆、入口即化的絕妙口感。是我相當拿手的一道餅乾。

材料（20片份）

-DRY-

米粉…30g
杏仁果粉…20g
本葛粉或片栗粉…20g

-WET-

楓糖漿…2大匙
芥花油…2大匙

準備

・烤盤鋪上烘焙紙。
・烤箱預熱至160℃。

1 混合DRY

將***DRY***倒入較大的調理盆，以橡皮刮刀混合。

米粉不易結塊，不必像麵粉一樣過篩。大致拌勻就OK了。

2 混合WET

另取一個調理盆，倒入所有的***WET***，以橡皮刮刀混合。

雖然呈油水分離的狀態，但只要拌至均勻即可。

餅乾的保存

裝進罐中再放入乾燥劑，置於室溫保存。或是放入夾鏈袋冷凍保存。解凍時置於室溫自然解凍。

將杏仁果粉替換成黃豆粉

黃豆粉酥餅

米粉酥餅的變化款，
多加了黃豆粉。

材料（20片份）

-DRY-

米粉…30g

黃豆粉…25g

本葛粉或片栗粉…15g

-WET-

楓糖漿…2大匙

芥花油…2大匙

作法

參照下列的餅乾基礎作法**1**至**4**。

3

DRY + WET（+餡料）

將***WET***倒入***DRY***中，以橡皮刮刀混合攪拌。若有餡料可一併倒入，拌至無粉狀後改以手揉成團。

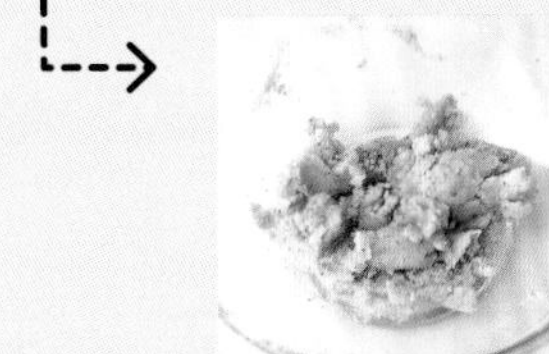

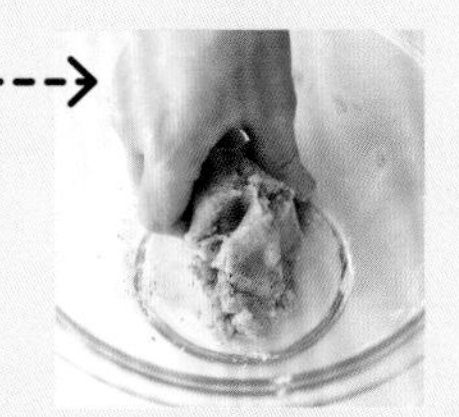

餅乾是水分少的配方，要一直攪拌至出現潤澤感。

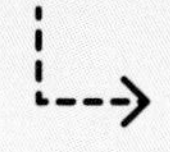

成團後不必醒麵，直接移至下一個塑型作業。

4

塑型・烘烤

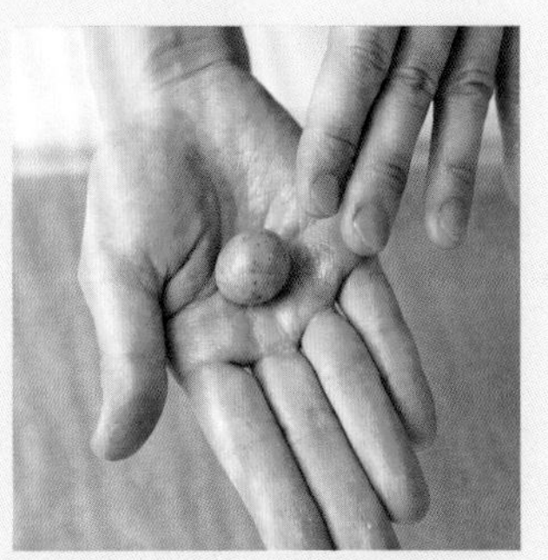

將麵糊分成20等分，逐一搓成圓球，鋪放在烤盤上，輕輕向下壓出，放進預熱至160℃的烤箱烘烤約20分鐘。烤好後以餘熱烘約5分鐘後再取出，置於網架上冷卻。

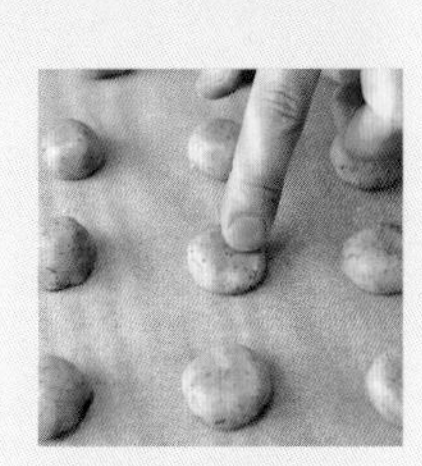

先以手掌搓成球形，再以指尖輕輕按壓。

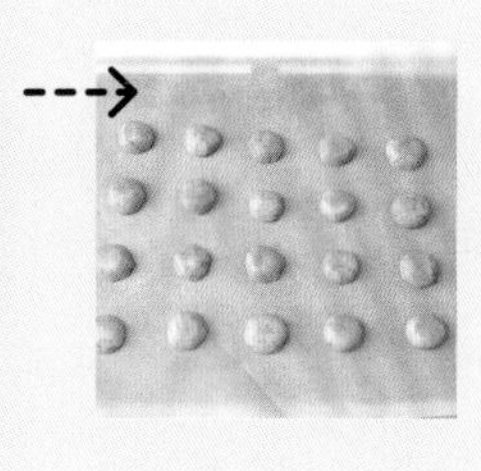

脆口雜糧餅乾

除了米粉之外，另添加了雜糧與堅果，喀滋喀滋的嚼感令人著迷。
若手邊無葵瓜子，可以核桃或花生等堅果替代，一樣好吃！

材料（直徑約4cm 20片份）

-DRY-

米粉…50g
燕麥片…50g
葵瓜子…2大匙
肉桂粉…¼小匙
豆蔻粉…¼小匙
鹽…1小撮

-WET-

100%蘋果汁…2大匙
芥花油…25ml
楓糖漿…25ml
甜菜糖…1小匙

準備

・烤盤鋪上烘焙紙。
・烤箱預熱至170℃。

作法

（參照P.32至P.33的餅乾基礎作法）

1 將*DRY*倒入較大的調理盆中混合。
2 另取一個調理盆，倒入所有的*WET*，拌至糖類完全溶解為止。
3 將2倒進1中混合。
4 舀約1大匙3的麵糊至烤盤上，以湯匙背輕壓成直徑4cm的圓。重覆此一動作塑型，再放入烤箱，以170℃烘烤30至35分鐘。

燕麥片

燕麥去殼，加工成易於調理的狀態。雖然是麥類，但不含麩質，只是若與小麥同一生產線，有時會混入麩質，麩質過敏者請挑選標示不含麩質的燕麥片。

葵瓜子

由向日葵種子去殼烘烤而成。含鈣、鐵、鋅、維他命E、維他命B1等，營養豐富。請選用無鹽產品進行製作。

抹茶浮沙系餅乾

粉類中加入抹茶，甜味來自米水飴。大幅控制甜味，
並活用抹茶的苦味，製成薄燒餅乾。咬一口發出卡哩卡哩、好吃清脆的聲音。

材料（直徑約4cm 12片份）

-DRY-

米粉…37g
杏仁果粉…13g
抹茶…1.5g
鹽…1小撮

-WET-

芥花油…25ml
米水飴…1大匙

餡料

黑芝麻…1小匙
水…½大匙

準備

・烤盤鋪上烘焙紙。
・烤箱預熱至160℃。

作法

（參照P.32至P.33的餅乾基礎作法）

1 將***DRY***倒入較大的調理盆中混合。
2 另取一個調理盆，倒入所有的***WET***，並攪拌混合。若米水飴變硬，可隔水加熱至軟，再分次少量以芥花油拌至融化。
3 將**2**倒進**1**中混合，若變得乾巴巴，加水充分混合成麵團。
4 麵團分成12等分，搓成小球排放在烤盤上，再壓成直徑4cm的扁圓形。重覆此一動作塑型，再放入的烤箱，以160℃烘烤約25分鐘。

塑型時，以手掌將麵團搓成小球。

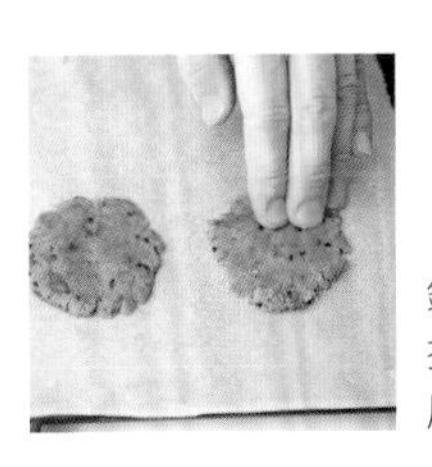

鋪放於烤盤，以手指壓成直徑4cm的扁圓形。

米粉白芝麻浮沙系餅乾

口感酥脆的芝麻風味。
可以餅乾模壓成花形或圓形，隨喜好作變化。
簡單的滋味，可夾入奶油變換吃法。

材料（直徑約4cm 13片份）

-DRY-

米粉…60g
本葛粉或片栗粉…25g
杏仁果粉…25g

-WET-

芥花油…2又½大匙
甜菜糖…20g

餡料

白芝麻…1小匙
水…2大匙

準備

・烤盤鋪上烘焙紙。
・烤箱預熱至160℃。

作法（參照P.32至P.33的餅乾基礎作法）

1 將***DRY***倒入較大的調理盆中混合。
2 另取一個調理盆，倒入所有的***WET***，混合至糖類溶解為止。
3 將**2**倒進**1**中混合，再加入白芝麻混合。若變得乾乾鬆鬆的，可加份量內的水，充分拌至成團。
4 取出麵團放工作檯上，以擀麵棍擀成約3mm厚（不撒手粉）。以直徑4cm的花形或圓形餅乾模壓型，鋪排在烤盤，放入的烤箱，以160℃烘烤23分鐘。

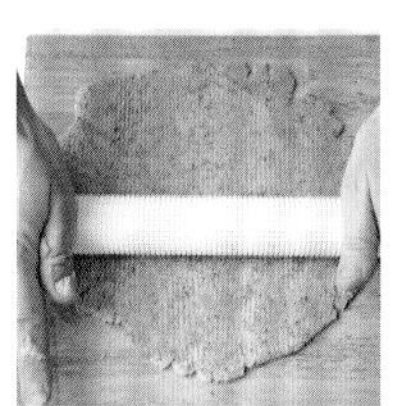

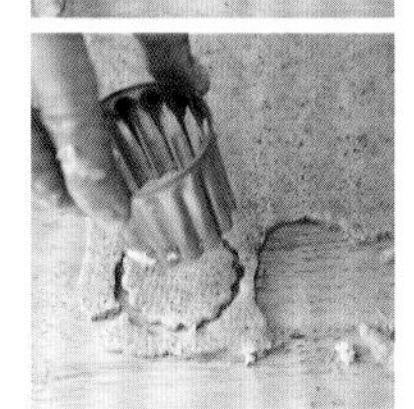

以擀麵棍擀薄，再以餅乾模壓型。由於麵團稍乾，小心擀出裂痕。

巧克力奶油

巧克力口味的抹醬，屬於微甜的苦甜味。若覺得太苦，可添加楓糖漿。
搭配本書介紹的任一款餅乾都對味，還可製成夾心餅乾享用。

材料（容易製作的份量）

豆奶…100mℓ
可可粉ー…15g
楓糖漿…2小匙
可可膏…5g（或可可塊）

作法

1 將所有材料倒入鍋中，以中火加熱融化可可膏。溫熱後轉小火，攪拌至有點黏稠。
2 待整體呈現黏糊狀即熄火，靜置冷卻。

巧克力奶油的保存

倒入保存容器，可冷藏約一週。冷藏會變硬，置於室溫回軟後再用。也可冷凍保存，自然解凍再使用。

グルテンフリーの

瑪德蓮

MADELEINE

GLUTEN-FREE

米粉作的瑪德蓮格外濕潤、柔軟。顏色比麵粉製的淺一些，模樣優雅，可愛到讓人想多作一些分送他人。由於米粉本身沒什麼特殊氣味或香味，混入杏仁果粉、咖啡或果醬，都是美味的秘訣。

圖中最前方的是果醬餡檸檬瑪德蓮（參照P.45）、中間右是開心果櫻桃瑪德蓮（參照P.42）、中間左是鹽味瑪德蓮（參照P.44）、後右是咖啡柿乾瑪德蓮（參照P.43）、後左則是草莓薑味瑪德蓮（參照P.40）。

瑪德蓮的基礎作法

剛烤好的瑪德蓮有時不易脫模，即使使用了不沾烤模，還是請抹上薄薄一層油，可以更順利的脫模喔！

草莓薑味瑪德蓮

生薑淡淡的辛辣味與草莓的甘甜形成對比。

材料（瑪德蓮模6個份）

-DRY-

米粉…95g

杏仁果粉（帶皮磨製）…25g

泡打粉…⅔小匙

薑粉…¼小匙

鹽…1小撮

-WET-

豆奶…100㎖

芥花油…3大匙

甜菜糖…3大匙

香草精…¼小匙

餡料

草莓…5粒（小粒的7至8粒）

準備

- 烤箱預熱至180℃。
- 草莓去蒂切丁。
- 以毛刷在瑪德蓮模刷上薄薄的芥花油（份量外）。

1 混合DRY

將***DRY***倒入較大的調理盆，以橡皮刮刀混合。

米粉不易結塊，不必像麵粉一樣過篩。大致拌勻就OK了。

2 混合WET

另取一個調理盆，倒入所有的***WET***，以橡皮刮刀混合。

因為加了甜菜糖，要充分攪拌至糖完全溶解。

瑪德蓮的保存

請以保鮮膜個別包好，再放入冷凍保存。享用前置於室溫自然解凍，再以烤箱稍微加熱，美味依舊。

瑪德蓮模
可愛的貝殼型瑪德蓮模，容易脫模，保有漂亮的形狀。尺寸為18×26.5×高1.5cm，材質是鐵（矽膠樹脂塗裝）。Homemade Cakes瑪德蓮模（6連模）／日本貝印公司

3

DRY + WET（+餡料）

WET倒入***DRY***中，以橡皮刮刀拌勻。若有餡料，待麵糊拌勻後再倒入，但請不要將餡料拌碎。

米粉不含麩質，不易出現黏性，混合時隨意畫圓攪拌都OK。

4

倒入烤模中烘烤

將麵糊倒入鋪放於烤盤的瑪德蓮模，放進預熱至180℃的烤箱，烘烤約15分鐘。烤後脫模，置於網架上冷卻。

開心果櫻桃瑪德蓮

米粉拌入開心果粉，中間夾入兩顆去籽櫻桃。
呈現開心果的淡綠色澤，濃郁度與香氣都大幅提升！

材料（瑪德蓮模6個份）

-DRY-

米粉…95g
開心果粉…25g
泡打粉…⅔小匙
鹽…1小撮

-WET-

豆奶…100㎖
芥花油…50㎖
甜菜糖…3大匙

餡料

櫻桃（冷凍）…12顆

準備

・烤箱預熱至180℃。
・以毛刷在瑪德蓮模薄刷芥花油（份量外）。

作法

（參照P.40至P.41的瑪德蓮基礎作法）

1 將***DRY***倒入較大的調理盆中混合。
2 另取一個調理盆，倒入所有的***WET***，並攪拌混合。
3 將**2**倒進**1**中混合。
4 將**3**的麵糊倒入瑪德蓮模至一半高度，分別放入2顆櫻桃後，再倒入麵糊覆蓋。放入烤箱，以180℃烘烤15分鐘，脫模放涼。

開心果粉
開心果連薄皮一起磨成粉。特色為有堅果的風味與淡淡的綠色。

冷凍櫻桃
去籽的冷凍水果。種類有黑櫻桃與酸櫻桃等，可隨個人喜好。在此使用的是黑櫻桃。

咖啡柿乾瑪德蓮

咖啡&柿乾是一種令人驚喜組合，咖啡的苦與柿乾的甜十分對味。
長壽飲食法使用的是穀物咖啡。

材料（瑪德蓮模6個份）

-DRY-

米粉…110g
穀物咖啡…20g
泡打粉…⅔小匙
鹽…1小撮

-WET-

豆奶…135ml
芥花油…3大匙
甜菜糖…3大匙

餡料

柿乾…40g

準備

・烤箱預熱至180℃。
・柿乾切細丁。
・以毛刷在瑪德蓮模薄刷芥花油（份量外）。

作法

（參照P.40至P.41的瑪德蓮基礎作法）

1 將***DRY***倒入較大的調理盆中混合。
2 另取一個調理盆，倒入所有的***WET***，並攪拌混合。
3 將**2**倒進**1**內，再倒入切末柿乾混合。
4 將**3**的麵糊倒入瑪德蓮模，放入烤箱，以180℃烘烤15分鐘，脫模放涼。

穀物咖啡

雖然味道與咖啡相似，但原料不是咖啡豆，而是由大麥及稞麥等煎焙而成。不含咖啡因，苦味溫和，十分清爽。

鹽味瑪德蓮

添加番茄乾與香料的無甜味瑪德蓮。
沾著橄欖油當主食享用是一道絕品。

材料（瑪德蓮模6個份）

-DRY-

米粉…120g
泡打粉…⅔小匙

-WET-

豆奶…130㎖
橄欖油…50㎖

餡料

番茄乾…20g
續隨子…20g
迷迭香…1枝

準備

- 番茄乾若為軟的可直接切丁使用。若是硬的，先泡水5分鐘，變軟後瀝乾再切細丁。
- 續隨子以水冲洗、瀝乾。
- 摘下迷迭香的葉子。
- 烤箱預熱至180℃。
- 以毛刷在瑪德蓮模薄刷芥花油（份量外）。

作法

（參照P.40至P.41的瑪德蓮基礎作法）

1. 將***DRY***倒入較大的調理盆中混合。
2. 另取一個調理盆，倒入所有的***WET***，並攪拌混合。
3. 將**2**倒進**1**內，加入細末番茄乾、續隨子與迷迭香葉混合。
4. 將**3**的麵糊倒入瑪德蓮模，放入烤箱，以180℃烘烤15分鐘，脫模放涼。

番茄乾

番茄乾的種類很多，不管是軟的或硬的均可，但避免使用油漬與加味的產品。

果醬餡檸檬瑪德蓮

咬一口，可品嚐到濃郁的果醬味。
因為麵糊是檸檬皮風味，餡料建議搭配帶酸味的果醬，例如：大黃醬。

材料（瑪德蓮模6個份）

-DRY-

米粉…95g
杏仁果粉（帶皮杏仁）…25g
泡打粉…⅔小匙
鹽…1小撮
檸檬皮屑（僅黃色部分）…½個份

-WET-

豆奶…100㎖
芥花油…3大匙
甜菜糖…3大匙
檸檬汁…2小匙

餡料

喜歡的果醬
（範例為大黃醬）…約2大匙

準備

- 烤箱預熱至180℃。
- 以毛刷在瑪德蓮模薄刷芥花油（份量外）。

作法

（參照P.40至P.41的瑪德蓮基礎作法）

1. 將***DRY***倒入較大的調理盆中混合。
2. 另取一個調理盆，倒入所有的***WET***，並攪拌混合。
3. 將**2**倒進**1**內。
4. 將**3**的麵糊倒入瑪德蓮模至一半高度，鋪上約1小匙的果醬後，再倒入麵糊覆蓋。放入烤箱，以180℃烘烤約15分鐘，脫模放涼。

先放一半高的麵糊，中間鋪上1小匙果醬，再覆蓋上麵糊。

グルテンフリーの

方形蛋糕

將麵糊倒入正方形烤模，以烤箱烘烤的米粉蛋糕。依配方的不同而有多種口感與風味，例如：切薄片夾入奶油、沾醬料或冰淇淋。裝盤也是一種樂趣，用來宴客再適合不過了！

巧克力草莓夾心蛋糕。P.48的巧克力蛋糕夾入新鮮草莓奶油（參照P.49）。由於奶油偏軟，請在分切好蛋糕要享用前，再夾上幾乎要滿滿的奶油。

方形蛋糕的基礎作法

**若使用氟素樹脂塗裝的烤模，可不鋪烘焙紙，
但鋪紙的好處是容易脫模，移動也較為方便。**

巧克力蛋糕

烤好的巧克力蛋糕。添加可可粉及角豆粉。餡料使用可可碎豆，會殘留顆粒，吃起來濃郁又有喀滋喀滋口感。

材料(15×15cm方形模1個份)

-DRY-

米粉…150g
可可粉…60g
角豆粉…40g
泡打粉…½大匙

-WET-

豆奶…160㎖
100%蘋果汁…80㎖
龍舌蘭糖漿…60㎖
芥花油…60㎖
豆味噌…1小匙
※註：豆味噌是指以大豆及鹽為原料製成的味噌

餡料

可可碎豆…1大匙

●新鮮草莓奶油…參考右頁作法

準備

・方形模鋪上烘焙紙。
・烤箱預熱至170℃。

1 混合DRY

將***DRY***倒入較大的調理盆，以橡皮刮刀混合。

米粉不易結塊，不必像麵粉一樣過篩。大致拌勻就OK了。

2 混合WET

取另一個調理盆，倒入所有的***WET***，以橡皮刮刀拌至大致均勻即可。

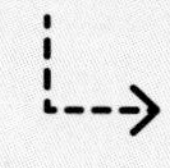

豆味噌較不易溶解，可先取少量的液體類***WET***拌溶後再倒入。

方形蛋糕的保存

在不夾入奶油的狀態下，可以保鮮膜包好放入冷凍庫保存。冷藏保存會變乾變硬。解凍時置於室溫自然解凍。若已夾入奶油則請盡快食用完畢。

食物調理機攪拌前

攪拌後

草莓奶油的保存

奶油最理想的狀況是當天吃完。若有吃剩，可倒入保存容器放進冰箱冷藏。請在隔天用畢。

新鮮草莓奶油的作法&應用

在豆腐奶油加入許多草莓。
攪拌至草莓呈碎顆粒狀是好吃的祕訣喔！

材料（方形蛋糕1個份）

木綿豆腐…⅔塊
龍舌蘭糖漿…3大匙
鹽…1小撮
草莓（大粒）…12粒

作法

1 木綿豆腐以廚房紙巾包好，使用深盤輕壓2小時，確實去除水分。
2 將1的豆腐倒入食物調理機，加入龍舌蘭糖漿及鹽，攪拌至呈滑順狀後再加入去蒂的草莓，再攪拌至草莓變成碎顆粒狀。
3 巧克力蛋糕橫切成兩半，再切成6等分，夾入滿滿奶油。

3
DRY + WET（+餡料）

WET倒入***DRY***內，以橡皮刮刀混合攪拌。若有餡料，拌勻後再加入。請不要將餡料拌碎。

米粉不含麩質，不易出現黏性，混合時隨意畫圓攪拌都OK。

4
倒入方形模烘烤

將麵糊倒入方形模，表面抹平，放進預熱至170℃的烤箱，烘烤約30分鐘。出爐後，連同烘焙紙提起，移至涼架冷卻。

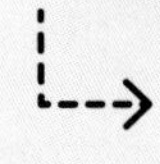

香草焦糖夾心蛋糕

可可蛋糕質地柔軟，
比P.48的巧克力蛋糕更接近輕食。
夾心是由椰棗與芝麻醬製成的焦糖奶油。

材料（15×15cm方形模1個份）

●可可蛋糕

-DRY-

米粉…150g
可可粉…20g
角豆粉…20g
泡打粉…2小匙
鹽…1小撮

-WET-

豆奶…160㎖
甘酒…60㎖
芥花油…40㎖

●焦糖奶油…參照本頁作法

裝飾用

豆腐奶油（參照P.66）…適量
喜歡的堅果…適量

準備

・方形模鋪上烘焙紙。
・烤箱預熱至160℃。

椰棗乾
由椰棗的果實製成的果乾。請避免購買到裹砂糖及上蠟的椰棗乾。可於有機／天然食品店、烘焙材料行及網路購得。

作法
（參照P.48至P.49的方形蛋糕基礎作法）

1 將***DRY***倒入較大的調理盆中混合。
2 另取一個調理盆，倒入所有的***WET***，並攪拌混合。
3 將**2**倒進**1**中混合。
4 將**3**的麵糊倒入方形模，放入的烤箱，以160℃烘烤約30分鐘，脫模放涼。
5 蛋糕橫切成兩半，塗上焦糖奶油夾起。上層再裝飾豆腐奶油及堅果。

with

焦糖奶油

組合椰棗乾與芝麻醬製成這款濃醇奶油。
不加砂糖，活用椰棗擁有的天然甜味。

材料（方形蛋糕1個份）

椰棗…60g
水…適量
芝麻醬…2大匙
香草精…1小匙

作法

1 椰棗切細倒入小鍋，加水淹過表面煮2至3分鐘。

2 煮軟後，連汁一併倒入食物調理機，加進芝麻醬與香草精，攪拌成滑順奶油狀。

糖漬生薑杏仁果蛋糕

拌入糖漬生薑的樸實蛋糕。
單吃就很好吃，
也可隨喜好搭配杏桃醬汁或冰淇淋，
別有一番風味。

材料（15×15cm方形模1個份）

-DRY-

米粉…160g
杏仁果粉…50g
泡打粉…1小匙
鹽…1小撮

-WET-

豆奶…160ml
芥花油…70ml
楓糖漿…60ml
糖漬生薑（參照P.69）…2大匙

組裝用

杏桃醬汁（參照P.69）…適量

準備

・方形模鋪上烘焙紙。
・烤箱預熱至170℃。

作法
（參照P.48至P.49的方形蛋糕基礎作法）

1 將***DRY***倒入較大的調理盆中混合。
2 另取一個調理盆，倒入所有的***WET***，並攪拌混合。糖漬生薑不易混合，可先取份量內的少許豆奶充分拌溶後再倒入。
3 將**2**倒進**1**中混合。
4 將**3**的麵糊倒入方形模，放入烤箱，以170℃烘烤30分鐘，脱模放涼。
5 分切盛盤，可隨喜好搭配杏桃沾醬。

方形模的烘焙紙鋪法

1 將烘焙紙裁成烤模底＋高的尺寸，烤模置於紙的中間，裁去四個角（圖中畫斜線的部分）。

2 摺疊四個角成為箱形，再套入烤模內。

グルテンフリーの

薄燒海綿蛋糕

THIN FILLING SPONGE CAKE

GLUTEN-FREE

將麵糊倒入蛋糕捲專用烤模製作薄燒海綿蛋糕，再變化成各種甜點，例如：夾入紅豆餡的銅鑼燒風味、裝飾奶油的水果蛋糕、與巴巴露亞奶油組合的玻璃杯甜點。本書介紹的是原味與可可兩款海綿蛋糕。

將薄燒海綿蛋糕切成四角形夾入紅豆餡，
製成方形手作銅鑼燒。加入草莓、果乾或
堅果等，味道更豐富喔！

薄燒海綿蛋糕的基礎作法

若為長壽飲食法，只要將材料倒入調理盆混合，再放入烤箱烘烤即可。
尤其使用米粉，不必像麵粉留意混合攪拌的方式，短短10分鐘就能烤好喜歡的點心。

原味海綿蛋糕

材料（30×22cm蛋糕捲烤盤1個份）

-DRY-

米粉…135g
杏仁果粉（帶皮杏仁）…10g
泡打粉…1小匙
鹽…1小撮

-WET-

豆奶…150㎖
楓糖漿…70㎖
芥花油…2大匙

準備

・烤盤鋪上烘焙紙。
・烤箱預熱至200℃。

組裝用

紅豆餡（市售品）…適量
草莓、果乾等…適量

1 混合DRY

將***DRY***倒入較大的調理盆，以橡皮刮刀混合。

米粉不易結塊，不必像麵粉一樣過篩。大致拌勻就OK了。

2 混合WET

另取一個調理盆，倒入所有的***WET***，以橡皮刮刀混合。

大致攪拌混合即可。

海綿蛋糕的保存

以保鮮膜包好，或將切下的蛋糕邊放入夾鍊袋冷凍保存。
解凍時置於室溫自然解凍。

蛋糕捲專用烤模
蛋糕捲烤盤，用來烘烤海綿蛋糕體。尺寸為30×22×高2.5cm，氟素樹脂塗裝材質。Homemade Cakesテフロンセレクト蛋糕捲烤盤／日本貝印公司

3
DRY + WET

將***WET***倒入***DRY***中，以橡皮刮刀混合至無結塊即可。

米粉不含麩質，不易出現黏性，混合時隨意畫圓攪拌都OK。

4
倒入烤盤烘烤

將麵糊倒入蛋糕捲的烤盤，表面抹平，放進預熱至200℃的烤箱，烘烤約10分鐘。出爐後，握住烘焙紙由烤盤移至涼架冷卻。

5
組裝

剝下烘焙紙，將海綿蛋糕切成方形，再夾入紅豆、草莓、果乾等副食材。

覆盆子甘酒巴巴露亞

玻璃杯底鋪上可可薄燒海綿蛋糕，再倒入巴巴露亞冷卻凝固。
巴巴露亞只以甘酒帶入甜味，保留了覆盆子的酸。

材料（2人份 ・薄燒海綿蛋糕為30×22cm蛋糕捲烤盤1個份）

●薄燒海綿蛋糕（可可味）

-DRY-

米粉…120g
可可粉…25g
泡打粉…1小匙
鹽…1小撮

-WET-

豆奶…160㎖
楓糖漿…70㎖
芥花油…2大匙

●覆盆子巴巴露亞

黑米甘酒…120㎖
水…80㎖
覆盆子…30g
寒天薄碎片…1大匙

準備

・烤盤鋪上烘焙紙。
・烤箱預熱至200℃。

作法

（參照P.56至P.57的薄燒海綿蛋糕基礎作法）

1 將***DRY***倒入較大的調理盆中混合。
2 另取一個調理盆，倒入所有的***WET***，並攪拌混合。
3 將**2**倒進**1**中混合。
4 將**3**的麵糊倒入烤盤後，放入烤箱，以200℃烘烤10分鐘，脫模放涼。
5 配合玻璃杯的大小分切**4**的海綿蛋糕，鋪於杯底。
6 巴巴露亞材料倒入鍋中，加熱並充分混合。沸騰即轉小火續煮約2至3分鐘，煮至寒天溶解。
7 將**6**倒進**5**中，降溫至手可觸摸的溫度後冷藏凝固。

寒天拌水無法完全溶解，加熱至出現細小泡泡，續煮沸騰直至完全溶解。

生起司風巴巴露亞

組合椰奶與豆奶優格，再以寒天凝固的巴巴露亞。
基底是海綿蛋糕。

材料（2人份・薄燒海綿蛋糕為30×22cm蛋糕捲烤盤1個份）

●薄燒海綿蛋糕（原味）

-DRY-

米粉…135g
杏仁果粉（帶皮杏仁）…10g
泡打粉…1小匙
鹽…1小撮

-WET-

豆奶…150㎖
楓糖漿…70㎖
芥花油…2大匙

●生起司風巴巴露亞

椰奶…60㎖
豆奶優格…90㎖
龍舌龍糖漿…2大匙
寒天粉…½小匙

裝飾用

檸檬皮（切細末）…適量

準備

- 烤盤鋪上烘焙紙。
- 烤箱預熱至200℃。

作法

（參照P.56至P.57的薄燒海綿蛋糕基礎作法）

1. 將***DRY***倒入較大的調理盆中混合。
2. 另取一個調理盆，倒入所有的***WET***，並攪拌混合。
3. 將**2**倒進**1**中混合。
4. 將**3**的麵糊倒入烤盤後，放入烤箱，以200℃烘烤10分鐘，脫模放涼。
5. 配合玻璃杯的大小分切**4**的海綿蛋糕，鋪於杯底。
6. 巴巴露亞的材料倒入鍋中，加熱並充分混合。沸騰轉小火續煮約4分鐘將寒天溶解。
7. 將**6**倒進**5**中，降到手可觸摸溫度後冷藏凝固，裝飾檸檬皮屑。

鋪在玻璃杯底的海綿蛋糕也可使用切下的邊條等。冷凍的海綿蛋糕自然解凍後再使用。

花豆蒙布朗

可可風味的海綿蛋糕上，堆滿像小山的花豆地瓜奶油，
作成與眾不同的蒙布朗。花生粉香氣可完美提味。

材料（5至6個份・ 薄燒海綿蛋糕為30×22cm蛋糕捲烤盤1個份）

●薄燒海綿蛋糕（可可味）

-DRY-

米粉…120g
可可粉…25g
泡打粉…1小匙
鹽…1小撮

-WET-

豆奶…160㎖
楓糖漿…70㎖
芥花油…2大匙

●花豆奶油

地瓜（蒸後去皮）…160至170g
花豆（水煮）…150g
花生粉…1小匙
楓糖漿…1又½大匙
鹽…1小撮
白蘭地…隨喜好加入少許

裝飾用

花豆（水煮）…適量

準備

・烤盤鋪上烘焙紙。
・烤箱預熱至200℃。

作法

（參照P.56至P.57的薄燒海綿蛋糕基礎作法）

1 將***DRY***倒入較大的調理盆中混合。
2 另取一個調理盆，倒入所有的***WET***，並攪拌混合。
3 將**2**倒進**1**中混合。
4 將**3**的麵糊倒入烤盤後，放入烤箱，以200℃烘烤10分鐘，脫模放涼。
5 以直徑10cm的餅乾模將**4**的麵糊壓成圓形。
6 花豆奶油的所有材料倒入食物調理機，攪拌成滑順的奶油狀，再以萬用濾網過篩。
7 將**6**直接過篩在**5**的上面，堆得像座小山，頂端點綴花豆。

以萬用濾網過篩花豆奶油，不只是要篩出滑順感，也可利用網孔，擠出細圓條狀。

抹茶提拉米蘇

抹茶滲入原味薄燒海綿蛋糕製成的提拉米蘇。
組合紅豆、抹茶豆腐奶油是一道可口和風甜點。

材料（提拉米蘇3個份．薄燒海綿蛋糕為30×22cm蛋糕捲烤盤1個份）

●薄燒海綿蛋糕（原味）

-DRY-

米粉…135g
杏仁果粉（帶皮杏仁）…10g
泡打粉…1小匙
鹽…1小撮

-WET-

豆奶…150㎖
楓糖漿…70㎖
芥花油…2大匙

●抹茶汁

水…50㎖
抹茶…1小匙
甜菜糖…1小匙

●抹茶奶油（參照P.67）…適量

紅豆餡（市售品）…適量
抹茶…適量

準備

- 烤盤鋪上烘焙紙。
- 烤箱預熱至200℃。

作法

（參照P.56至P.57的薄燒海綿蛋糕基礎作法）

1. 將***DRY***倒入較大的調理盆中混合。
2. 另取一個調理盆，倒入所有的***WET***，並攪拌混合。
3. 將**2**倒進**1**中混合。
4. 將**3**的麵糊倒入烤盤後，放入烤箱，以200℃烘烤10分鐘，脫模放涼。
5. 將抹茶汁的材料倒入鍋中，開火加熱，充分混合溶解。
6. 配合玻璃杯的大小分切**4**的海綿蛋糕，鋪於杯底，再倒多一點**5**的抹茶汁滲入蛋糕。
7. 依紅豆餡、抹茶奶油的順序倒入**6**中，再以茶濾網撒上抹茶粉。

杯底鋪放原味海綿蛋糕，吸飽抹茶。

巧克力薄荷巴巴露亞

以薄荷葉增加香氣的巧克力巴巴露亞＆海綿蛋糕。
排放在深盤中看起來像蛋糕，若放入玻璃杯更接近甜品。

材料（小深盤1個份・薄燒海綿蛋糕為30×22cm蛋糕捲烤盤1個份）

●薄燒海綿蛋糕（原味）

-DRY-

米粉…135g
杏仁果粉（帶皮杏仁）…10g
泡打粉…1小匙
鹽…1小撮

-WET-

豆奶…150mℓ
楓糖漿…70mℓ
芥花油…2大匙

●巧克力薄荅巴巴露亞

豆奶…250mℓ
楓糖漿…80mℓ
可可膏…20g
鹽…1小撮
寒天粉…3g
薄荷葉（切碎）…2大匙

準備

・烤盤鋪上烘焙紙。
・烤箱預熱至200℃。

可可膏
去除可可豆的皮，經乾燥、煎焙、磨碎，製成固體。為可可及巧克力的原料。

作法

（參照P.56至P.57的薄燒海綿蛋糕基礎作法）

1 將***DRY***倒入較大的調理盆中混合。
2 另取一個調理盆，倒入所有的***WET***，並攪拌混合。
3 將**2**倒進**1**中混合。
4 將**3**的麵糊倒入烤盤，放入烤箱，以200℃烘烤10分鐘，脫模放涼。
5 配合深盤尺寸，鋪放**4**的海綿蛋糕。
6 除薄荷葉外將巧克力薄荷巴巴露亞的材料倒入鍋中，加熱煮沸後再續煮2至3分鐘，加入薄荷葉再煮1分鐘。
7 將**6**倒入**5**中，降到手可觸摸溫度後冷藏凝固。最後裝飾上薄荷葉（份量外）。

可可草莓水果蛋糕

使用薄燒海綿蛋糕，簡單就能作出草莓水果蛋糕。
夾入奶油與水果，就是一道美麗的甜點。

材料（3個份・薄燒海綿蛋糕為30×22cm蛋糕捲烤盤1個份）

●薄燒海綿蛋糕（可可味）

-DRY-

米粉…120g
可可粉…25g
泡打粉…1小匙
鹽…1小撮

-WET-

豆奶…160㎖
楓糖漿…70㎖
芥花油…2大匙

●豆腐奶油（參照P.66）…6大匙

裝飾用

草莓…適量

準備

・烤盤鋪上烘焙紙。
・烤箱預熱至200℃。

作法

（參照P.56至P.57的薄燒海綿蛋糕基礎作法）

1. 將***DRY***倒入較大的調理盆中混合。
2. 另取一個調理盆，倒入所有的***WET***，並攪拌混合。
3. 將**2**倒進**1**中混合。
4. 將**3**的麵糊倒入烤盤後，放入烤箱，以200℃烘烤10分鐘，脫模放涼。
5. 以直徑約10cm的花形餅乾模將**4**壓成6片。
6. 花形小蛋糕兩片一組，一片依序鋪放豆腐奶油、薄片草莓、豆腐奶油，再蓋上另一片。比照相同作法製作剩下的兩組。最上層點綴一顆草莓。

海綿蛋糕以餅乾模壓出造型。若手邊無花形餅乾模，可改圓模或切成方形。

草莓甘酒冰沙百匯
藍莓巧克力百匯

玻璃杯甜點

將薄燒海綿蛋糕、豆腐奶油及冰淇淋等塞入喜歡的玻璃杯中。
可使用當令水果作各種變化。

草莓甘酒冰沙百匯

材料（玻璃杯4杯份・薄燒海綿蛋糕為30×22cm蛋糕捲烤盤1個份）

●薄燒海綿蛋糕（原味）

-DRY-

米粉…135g
杏仁果粉（帶皮杏仁）…10g
泡打粉…1小匙
鹽…1小撮

-WET-

豆奶…150ml
楓糖漿…70ml
芥花油…2大匙

●豆腐奶油（參照P.66）…適量

●甘酒薑味冰淇淋（參照P.70）…4杯份

●脆口雜糧餅乾（參照P.34）…4片

裝飾用

草莓（去蒂）…適量

準備

・烤盤鋪上烘焙紙。
・烤箱預熱至200℃。

藍莓巧克力百匯

材料（玻璃杯4杯份・薄燒海綿蛋糕為30×22cm蛋糕捲烤盤1個份）

●薄燒海綿蛋糕（可可味）

-DRY-

米粉…120g
可可粉…25g
泡打粉…1小匙
鹽…1小撮

-WET-

豆奶…160ml
楓糖漿…70ml
芥花油…2大匙

●紫薯奶油（參照P.67）…適量

●巧克力薄荷冰淇淋（參照P.71）…4杯份

裝飾用

藍莓、櫻桃…各適量

作法（參照P.56至P.57的薄燒海綿蛋糕基礎作法）

1 將***DRY***倒入較大的調理盆中混合。
2 另取一個調理盆，倒入所有的***WET***，並攪拌混合。
3 將**2**倒進**1**中混合。
4 將**3**的麵糊倒入烤盤，放入烤箱，以200℃烘烤10分鐘，脫模放涼。
5 草莓甘酒冰沙百匯是撕下適量的原味海綿蛋糕鋪於杯底，再依序放入豆腐奶油、草莓、甘酒薑味冰淇淋，最後放上餅乾作點綴。
6 藍莓巧克力百匯是撕下適量的可可海綿蛋糕鋪於杯底，再依序放入藍莓、紫薯奶油、巧克力薄荷冰淇淋、藍莓，最後以櫻桃點綴。

搭配甜點的美味佐料

奶油・醬料・冰淇淋

豆腐奶油

高人氣的豆腐奶油是長壽飲食法的定番款，說到健康奶油就會想到它！
能作出各種變化，加減甜度也能用來料理入菜。

材料（容易製作的份量）
木綿豆腐（瀝乾水分）…1塊
楓糖漿…4大匙
香草精…1小匙
鹽…1小撮

豆腐奶油的保存
最好當天使用完畢。萬一有剩餘份量，可以保存盒裝好放進冰箱冷藏，但請於隔天用完。

1
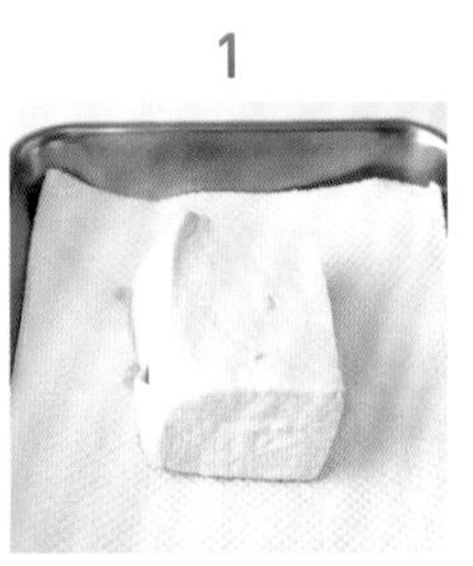
以廚房紙巾包覆木綿豆腐，輕壓靜置2小時，確實瀝乾水分。

→

2
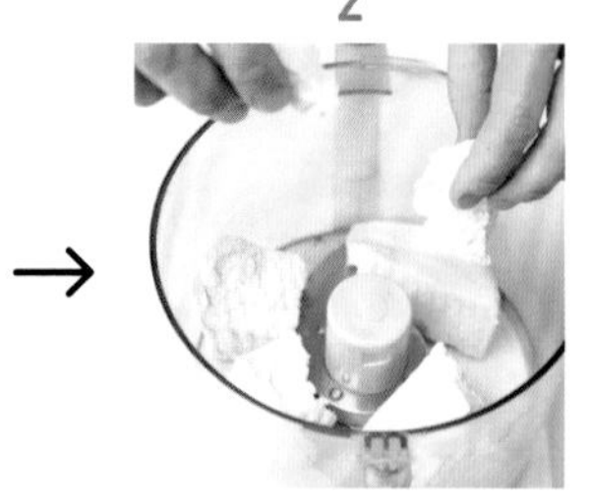
豆腐剝成適當大小，放入食物調理機。

→

3
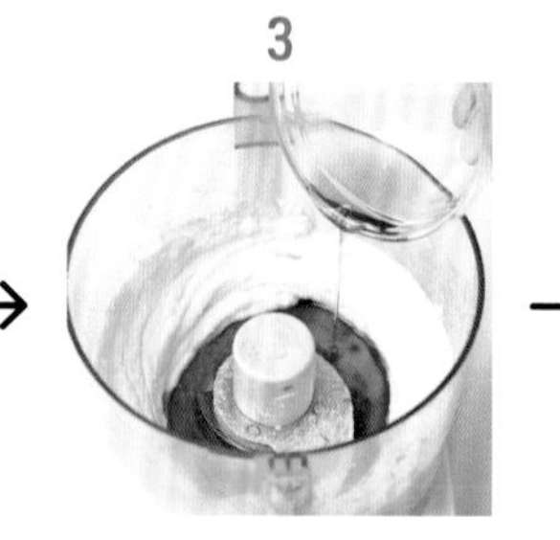
加入楓糖漿、香草精、鹽。

→

4
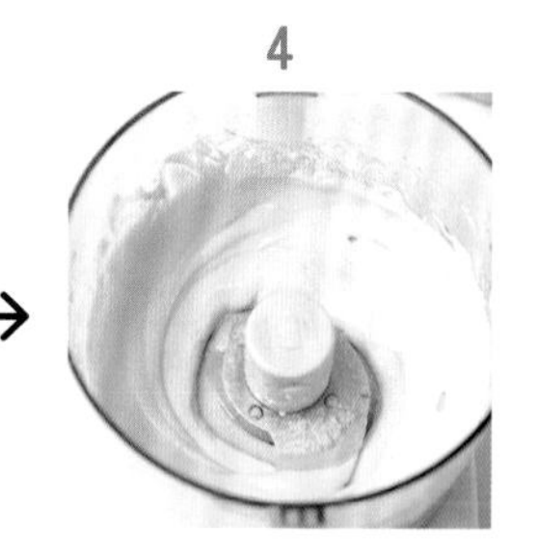
拌成滑順的奶油狀。

草莓奶油

豆腐奶油
的變化款

材料（容易製作的份量）
豆腐奶油…P.66的½量
草莓（去蒂）…70g

作法
1 參照P.66備妥豆腐奶油。
2 豆腐奶油與切成適當大小的草莓倒入食物調理機，充分攪拌至顏色均勻。

抹茶奶油

材料（容易製作的份量）
豆腐奶油…P.66的½量
抹茶粉…¼小匙

作法
1 參照P.66備妥豆腐奶油。
2 豆腐奶油倒入食物調理機，整體篩入抹茶粉，攪打至顏色均勻。

紫薯奶油

材料（容易製作的份量）
豆腐奶油…P.66的½量
紫藷粉…2小匙

作法
1 參照P.66準備豆腐奶油。
2 豆腐奶油油倒入食物調理機，再篩入紫藷粉，攪打至顏色均勻。

紫藷粉
由紫薯研磨的粉狀蔬菜。方便用來為麵包、甜點與米飯等上色。

薑味卡士達醬

使用豆奶製作的卡士達風奶油。
利用糙米粉提升黏稠度，並增添生薑味。

材料（容易製作的份量）

豆奶…150㎖
龍舌龍糖漿…2大匙
鹽…1小撮
糙米粉…2大匙
水…2大匙
薑粉…⅛小匙

作法

1 豆奶、龍舌龍糖漿、鹽倒入鍋中，中火加熱，糙米粉與份量中的水充分混合後倒入。
2 一邊由鍋底翻拌1，一邊加熱。
3 以橡皮刮刀混拌時，見到奶油已黏稠附著鍋底即熄火，倒入薑粉充分拌勻。

1 → 2 → 3

薑味卡士達醬的保存

最好當天使用完畢。若有剩餘份量，可以保存盒裝好放進冰箱冷藏，但請於隔天使用完畢。

杏桃醬汁

簡單地以蘋果汁將杏桃醬拌溶。
作法簡單，每次要用多少就作多少，盡量不要剩餘。

材料（容易製作的份量）

杏桃醬（市售或自製均可）…3大匙
100%蘋果汁…3大匙

作法

杏桃醬與蘋果汁倒入小鍋中加熱，充分混合至醬料均勻溶開即可。

糖漬生薑

甜中泌入一股辛辣味。
用途多元，可增加甜點的風味或當提味料，
當成磅蛋糕的沾醬也很不錯。可預先製作。

材料（容易製作的份量）

生薑（切末）…100g
甜菜糖…100g

1

2　3　4

作法

1. 生薑與甜菜糖的比例為1：1。生薑充分洗淨，去皮切末。
2. 將**1**的薑末與甜菜糖倒入鍋中，中火加熱。
3. 砂糖溶解煮沸後，再續煮至冒出許多小泡泡。一邊注意不要煮焦了，一邊攪拌混合。
4. 煮至呈糊狀，以橡皮刮刀刷一下可見到鍋底即熄火，並移至深盤。

糖漬生薑的保存

放入保存容器，可冷藏保存約2至3星期。

甘酒薑味冰淇淋

甘酒的微酸與溫順甘甜，搭配生薑的爽口，製成這款成熟風味的冰淇淋。
單吃就很美味，搭配磅蛋糕或方形蛋糕也很可口。

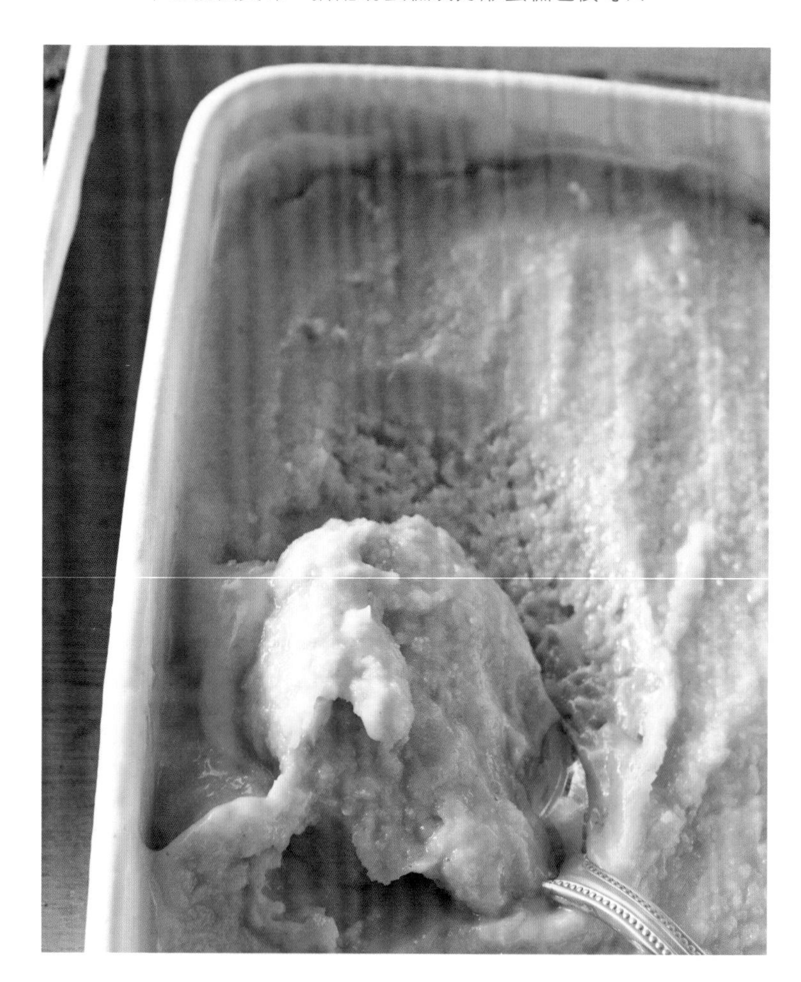

作法（約6人份）

糙米甘酒或一般甘酒…2杯
豆奶…100ml
白芝麻醬…1大匙
生薑（刨絲）…約10g

冰淇淋的保存

請裝進保存容器冷凍保存，但時間太長，風味與香氣會流失，即使冷凍也請於兩週內食用完畢。

作法

1 白芝麻醬較不易拌勻，可先取份量中的少許豆奶拌融。
2 將1、剩餘的豆奶、糙米甘酒與生薑倒入調理盆，充分混合。
3 將2裝入深盤或保存容器，放入冷凍庫約3至4小時，中途取出約3至4次拌入空氣。

巧克力薄荷冰淇淋

添加新鮮薄荷葉的爽口巧克力冰淇淋。添加了寒天，舌尖觸感滑順，較不易融化。
可單吃、搭配磅蛋糕或夾入餅乾作成三明治冰淇淋，都非常美味！

作法（約6人份）

豆奶…250mℓ
楓糖漿…75mℓ
可可膏…20g
寒天粉…3g
鹽…1小撮
薄荷…3枝
白蘭地…少許

作法

1 摘下薄荷葉，切碎。
2 豆奶、楓糖漿、可可膏、寒天粉、鹽倒入鍋中加熱並充分混合，煮溶可可膏與寒天粉。
3 當**2**煮開冒泡，轉小火續煮3分鐘。加入**1**的薄荷葉再煮1分鐘即熄火。降到手可觸摸溫度倒入白蘭地混合。
4 將**3**裝到深盤或保存容器，放入冷凍庫約3至4小時，中途取出約3至4次拌入空氣即可完成。

烘焙良品 59

咬一口幸福好味
手作爽口迷人の
無麩質甜點 50+

作　　者／上原まり子
譯　　者／瞿中蓮
發 行 人／詹慶和
總 編 輯／蔡麗玲
執行編輯／李佳穎
編　　輯／蔡毓玲・劉蕙寧・黃璟安・陳姿伶・李宛真
封面設計／韓欣恬
美術編輯／陳麗娜・周盈汝・韓欣恬
內頁排版／韓欣恬
出 版 者／良品文化館
郵政劃撥帳號／18225950
戶　　名／雅書堂文化事業有限公司
地　　址／220新北市板橋區板新路206號3樓
電子信箱／elegant.books@msa.hinet.net
電　　話／(02)8952-4078
傳　　真／(02)8952-4084

2016年9月初版一刷　定價 280元

GLUTEN FREE NO OKASHI
Copyright © MARIKO UEHARA 2015
All rights reserved.
Original Japanese edition published in Japan by
EDUCATIONAL FOUNDATION BUNKAGAKUEN BUNKA PUBLISHING BUREAU.
Chinese (in complex character) translation rights arranged with EDUCATIONAL FOUNDATION BUNKA GAKUEN BUNKA PUBLISHING BUREAU
through KEIO CULTURAL ENTERPRISE CO., LTD.

總　　經　銷／朝日文化事業有限公司
進退貨地址／235新北市中和市橋安街15巷1號7樓
電　　話／02-2249-7714
傳　　真／02-2249-8715

版權所有・翻印必究
(未經同意，不得將本書之全部或部分內容使用刊載)
本書如有缺頁，請寄回本公司更換

國家圖書館出版品預行編目(CIP)資料

咬一口幸福好味：手作爽口迷人の無麩質甜點50+ / 上原まり子著；瞿中蓮譯.
-- 初版. -- 新北市：良品文化館, 2016.09
面；　公分. -- (烘焙良品；59)
ISBN 978-986-5724-79-5(平裝)

1.點心食譜

427.16　　105015294

STAFF

設　　計／遠矢良一
攝　　影／福尾美雪
造　　型／久保百合子
料理助理／杉本有里子　小坪真由美
　　　　　小泉麻紀　岡畑康子
　　　　　鈴木弘子
校　　對／山脇節子
編　　輯／杉岾伸香
　　　　　浅井香織（文化出版局）

STAFF

Macrobiotic Dessert Recipes

Macrobiotic Dessert

在家輕鬆作

好食味 養生甜點&蛋糕

鬆・軟・棉・密の自然好味！

- ●無添加蛋・奶・白砂糖
- ●嚴選植物性當令食材
- ●全書食譜皆使用有機低筋麵粉

不須繁複打發程序，簡單作輕甜風幸福點心！
以有機豆乳、椰奶取代牛乳；
豆腐取代奶油製作出香醇爽口的養生蛋糕！
本書跳脫傳統養生點心的樸素窠臼，
介紹了瑞士捲、糖霜甜甜圈、戚風蛋糕等看起來精緻可愛的華麗蛋糕，
藉此推廣品味輕甜點心的同時又能兼顧養生的飲食新主張！

上原まり子◎著／定價：280元

Macrobiotic Dessert Recipes